WASSER
KRAFT
WASSERKRAFT

DIE KLEINE RENNMAUS UND IHR ZAUBERHAUS

Hörst Du das? Ja, was ist denn das? Das hört sich an, als ob jemand mit kleinen superschnellen Füßen trippelt. Ja tatsächlich, es ist die kleine Rennmaus, die es liebt, stundenlang in ihrem Laufrad zu rennen. Sie rennt und rennt und am liebsten singt sie dabei, hör doch mal …

Die kleine Rennmaus Lilly ist beim Rennen so gut gelaunt und konzentriert, dass sie gar nicht bemerkt, dass ihre Freundin Lila zu Besuch gekommen ist und sie beobachtet:

„Hallo Lilly , warum flitzt du denn so schnell?"

„Ich mache Strom."

„Du machst was?"

„Ist das nicht klasse, man kann selber Strom machen. Wenn ich in meinem Laufrad renne, geht diese Lampe an, und wenn ich schneller laufe, dann wird die Lampe heller. Wenn ich aber wieder langsamer werde, leuchtet sie ganz matt, und das liegt an der Strommenge, die ich durch mein Laufen mache.

Und hier ist es genauso, hörst du mein Radio: Wenn ich flitze, dann wird die Musik laut, wenn ich wieder bremse, wird sie leiser, und wenn ich stehen bleibe, dann ist gar nichts mehr zu hören, oder hörst Du was?"

„Nein, nichts! Aber heißt das, dass Du immer rennen musst, weil du sonst kein Licht und keine Musik hast?" fragt Lila betroffen.

Lilly lächelt: „Nein, das heißt es nicht, denn ich wohne in einem Zauberhaus! Komm mit, ich zeige es dir."

Die kleine Rennmaus nimmt ihre Freundin mit. Sie flitzen über die Zick-Zack-Treppe bis zur allerhöchsten Stelle des Hauses. Dort oben, auf dem Dach, schauen sie aus dem Fenster und sehen die große glänzende Stange, an deren Ende sich eine Kugel mit ihren drei langen Propellern im Wind dreht.

Lila staunt: „Warum ist dieses Windrad auf dem Dach, da kann man ja gar nicht damit spielen?"

„Weil es mit dem Wind spielt und dadurch für mich Strom erzeugt." erklärt Lilly. „Wenn ich nicht im Laufrad renne, sondern auf dem Sofa sitze und lese, dann bringt es für mich die Lampe zum Leuchten."

Die Freundin ist begeistert: „Es dreht sich genauso wie dein Laufrad, und es sieht lustig aus, so, als ob es mit dem Wind tanzen möchte."

„Ja genau" erklärt die kleine Rennmaus, „es hat großen Spaß. Und wenn der Wind, wie jetzt, sogar zum tollen Sturm wird, dann kann man es vor Freude quietschen hören, und es macht dann auch den meisten Strom."

Das Windrad dreht sich immer schneller und die beiden Mäusemädchen spüren die unglaubliche Kraft des Windes, der ihnen in die Ohren fährt. Sie können ihn sogar pfeifen hören und sie sehen, wie unten im Garten die Blätter von den Bäumen gerissen werden und fortfliegen. Die beiden laufen blitzschnell wieder die Treppe hinunter und toben auf der Wiese. Sie laufen mit den Blättern um die Wette und fangen an, sich wie das Windrad im Wind zu drehen.

Lilly und Lila jubeln: „Hui: Der Wind, der Wind, das himmlische Kind“ singen sie. „Aber was machst du, wenn der Wind nicht weht? Manchmal ist es doch windstill. Hast du dann keinen Strom?“ fragt Lila schließlich außer Atem.

„Ja, das stimmt, wenn es windstill ist und sich mein Windrad nicht dreht, dann bekomme ich meinen Strom vom Wasserrad.“ antwortet die kleine Rennmaus. „Komm mit, ich zeige es dir!“

Die beiden rennen nun zur Rückseite des Hauses. Direkt dahinter plätschert ein kleiner Bach dahin. An seinem Ufer steht ein kleines Wasserrad aus Holz. Es dreht sich im fließenden Wasser, die eine Hälfte liegt unter der Wasseroberfläche, die andere darüber.

Und wieder ist Lila überrascht: „Das ist ja genauso wie beim Laufrad und beim Windrad. Auch dieses Rad braucht Kraft, um sich so unermüdlich drehen zu können, und dieses Rad heißt Wasserrad, weil es vom Wasser angetrieben wird."

„Genau!" antwortet Lilly. „Und das Wasser bekommt seine Kraft vom Gefälle, es fließt immer von oben nach unten. Und solange von oben das Wasser nachkommt, fließt und fließt und fließt es ohne Unterlass, so dass mein Wasserrad ohne Pause für mich Strom erzeugen kann. Und hör mal, man kann die Stimme des Baches sogar hören, er rauscht, er gurgelt und gluckert, so als ob er mit uns reden will. Er will uns von den Bergen, aus denen er kommt, erzählen, vom geschmolzenen Schnee, der zu seinem Wasser wurde und vom Regen, den er braucht um zu wachsen und so stark zu sein, dass er das Rad drehen kann."

Lila findet die Geschichten des Baches sehr eindrucksvoll, aber lieber mag sie die Sonne: „Kann man denn auch von der Sonne Energie bekommen?" fragt sie. „Die Sonne wärmt uns, und sie ist so hell, dass sie den ganzen Tag Licht geben kann, das Tageslicht. Wenn sie scheint, brauchen wir keine Lampen und deshalb auch keinen Strom!"

„Stimmt", bestätigt Lilly, „tagsüber brauchen wir für die Lampe kein Licht und im Sommer, wenn die Sonne mit ihrer ganzen Kraft scheint, brauchen wir auch keinen Ofen. Aber am Abend, wenn die Sonne untergegangen ist und es dunkel wird, dann kann man zwar auch mit einer Dreh-Taschenlampe Licht machen und lesen, aber um die aufzuladen, muss man ständig an der Kurbel drehen, und das lenkt vom Lesen ab. Und überhaupt, man muss dann früh ins Bett, weil es abends und vor allem im Winter ohne warmen Ofen ziemlich ungemütlich ist."

Inzwischen sind die beiden Mausemädchen ziemlich hungrig geworden. Lila hat leckeres Obst für ein Picknick mitgebracht. So können sie sich stärken, denn Essen gibt die Energie, die kleine Mäuse zum Wachsen brauchen. Voller Genuss essen sie Äpfel, Kirschen und Weintrauben, die ebenfalls durch die Kraft der Sonne und des Wassers gewachsen sind.

Nach dem Essen können sie schnell fühlen, wie die Energie aus den Früchten auf sie übergegangen ist: Jetzt haben sie wieder Kraft und können sogar viel besser wahrnehmen und nachdenken. Es ist so, als ob die Sonne ein Licht in ihren Köpfen angezündet hätte, und Lila bemerkt jetzt ganz viele bunte Fenster und Wände an Lillys besonderem Haus.

„Warum hast du dein Haus so bunt angemalt? Und warum hast du helle und dann wieder ganz dunkle Farben genommen?"

„Das ist ein Geheimnis, aber ich verrate es gerne: damit kann ich die Wärme und das Licht der Sonne anlocken! Dunkle Farben werden schneller warm als helle Farben. Fühl mal, hier dieser dunkelbraune Fleck ist richtig warm, fast so wie eine Heizung. Und hier, obwohl die Sonne auf das helle Blau scheint, fühlt es sich ganz kühl an, aber dafür habe ich hier mehr Licht. Wir können uns also aussuchen, welches Geschenk der Sonne wir brauchen: Wärme oder Licht."

Die kleine Rennmaus und ihre Freundin sitzen gemütlich in der warmen Sonne, als sie plötzlich ein vorwitziger Sonnenstrahl an ihren Näschen kitzelt. Dazu lacht die Sonne vom Himmel direkt in ihre kleinen Mäuseherzen. Die beiden sind glücklich, denn es ist herrlich, auf einer Wiese zu liegen, bei Sonnenschein und frischer Luft. Nur der Duft der bunten Blumen und der Gesang der Vögel hüllt sie ein.

„Ach, ist das schön." schwärmt Lila. „Alles wächst zur Sonne und zum Licht. Ich habe gehört, dass die Blumen mit ihren grünen Blättern die Sonnenstrahlen einfangen können."

Lilly
springt auf und
ruft: „Das kann ich auch!
Schau dir die Sonnenseite von
meinem Dach an!"

Lila freut sich: „Du hast ja ein blaues Dach! Blau ist meine Lieblingsfarbe, blau, wie der Himmel!"

„Das sind Solarzellen! Sie glitzern blau, weil man damit die Sonnenstrahlen gut einfangen und dadurch Strom gewinnen kann. Das funktioniert so ähnlich wie bei den Pflanzen. Die Kraft und Wärme der Sonne wird umgewandelt in Energie, mit der ich die Lampe zum Leuchten und mein Radio zum Spielen bringen kann. Diese Energie schenkt uns die Sonne und wir können sie nutzen."

Die kleine Rennmaus hat ihrer Freundin nun das ganze Haus gezeigt: Das Laufrad, das Windrad, das Wasserrad, die Dreh-Taschenlampe, die bunten Fenster, dunkle und helle Wände und die Solarzellen auf dem blau-schimmernden Dach.

„Das ist wirklich toll." lacht Lila. „Wie gut, dass du das alles weißt. Ich finde es erstaunlich, wie viel Kraft wir von der Natur benutzen können: die Kraft des Wassers, des Windes, der Sonne, sogar aus den Bewegungen des Laufrads. Und wir selber haben Kraft in unseren Muskeln, die wir aus unserem Essen ziehen. Überall ist Energie und du nutzt sie überall da, wo sie zu finden ist."

„Ja“, findet Lilly verschmitzt, „das ist wirklich sehr praktisch für mich.“

„Und weißt du, was ich sehr angenehm finde? “ fragt Lila. „Bei dir ist alles so sauber, es raucht nicht, es stinkt nicht, und nichts wird verbrannt. Du hast Strom, Wärme und Licht, obwohl du nichts verbrauchst.“

„Ja, das stimmt, alle Energie, die ich verbrauche, kommt aus der Natur und sie erneuert sich von ganz alleine.“ bestätigt die kluge, kleine Rennmaus.

„Aber eins will ich noch wissen:" fragt Lila. „Wenn die Sonne scheint, der Bach fließt und gleichzeitig weht der Wind, dann hast du ja viel zu viel Strom."

„Das stimmt." bestätigt Lilly zufrieden. „Manchmal habe ich so viel, dass ich etwas davon abgeben kann, z. B. meinem Untermieter, dem alten Maulwurf, der in meiner Wiese wohnt. Und einen Teil kann ich aufbewahren. Das geht mit einer Batterie, die speichert Energie, die ich nicht sofort brauche.

Das Beste aber ist, dass ich immer selber entscheiden kann, wieviel Strom ich verbrauche. Wenn ich genug oder sogar zu viel habe, dann kann ich auch mal ganz großzügig damit prassen. Wenn ich aber, was manchmal vorkommt, etwas weniger produzieren kann, als

ich benötige, dann spare ich Energie. Weißt du was ich dann mache? Dann renne ich in meinem Laufrad, hast du Lust das jetzt mit mir zusammen zu machen?"

„Oh, ja, sehr gerne!" ruft Lila und beide springen voller Fröhlichkeit und Übermut ins Laufrad und rennen bis die Lampe leuchtet und im Radio die Musik immer lauter wird. Über ihnen schimmert das blaue Dach, die bunten Fenster leuchten, und aus der Ferne hört man wie das Windrad leise singt und das kleine Wasserrad im Bach klappert. Wie herrlich ist doch das Rennmaus-Zauberhaus!

Ich habe Energie

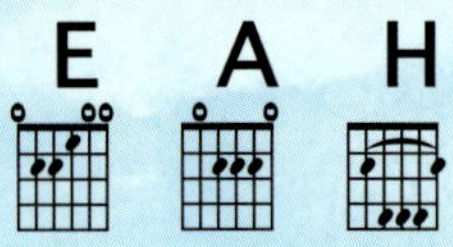

Text und Musik:
Karen Kassulat

Der Wind

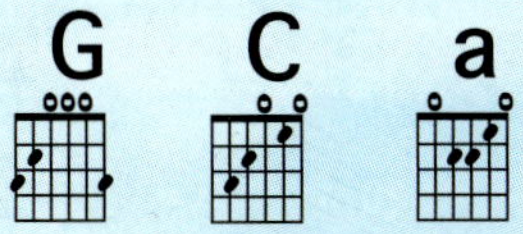

Text und Musik:
Karen Kassulat

Wenn er deinen Drachen trägt
siehst du wie er sich bewegt

Er weht die Wolken übers Land
bewegt sie wie von Zauberhand

Er kann fliegen, wie er will
doch manchmal steht der Wind auch still

Mein kleines Wasserrad

Text und Musik:
Karen Kassulat

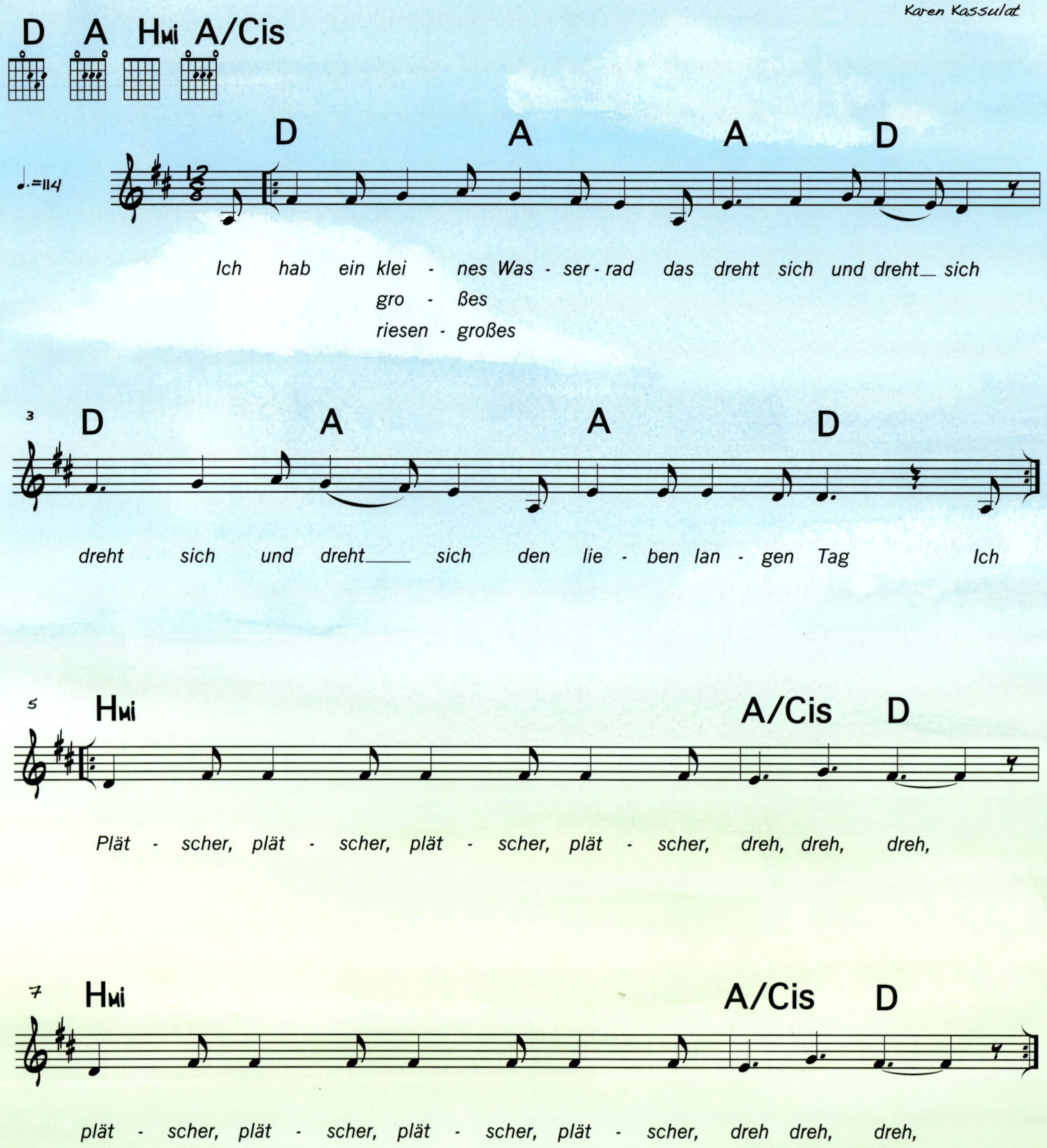

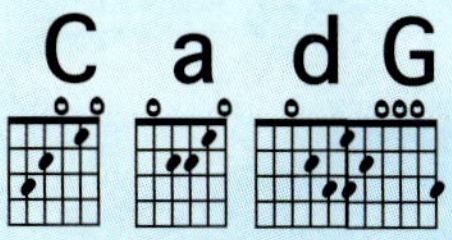

Ich liebe die Sonne

(ein liebes Liebeslied)

Text und Musik :
Karen Kassulat

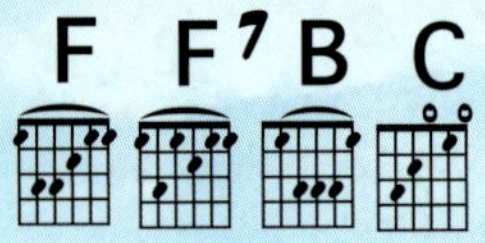

Komm, wir tanzen eine Sonne

Text und Musik:
Karen Kassulat

E H A

Zaubermaus, Zauberhaus

Text und Musik:
Karen Kassulat

ICH HABE
GANZ VIEL ENERGIE

... und tolle Experimente
für euch zum Ausprobieren!

Pflanzenenergie: Mini-Gewächshaus[1]

Material: Haushaltsglas (z. B. Marmeladenglas), Kies, Holzkohle (Grill), Blumentopferde, kleine Pflanze(n), Haushaltsfolie

Abbildung: Mini-Gewächshaus[2]

Ein großes Glas dient als Gewächshaus, z. B. ein Marmeladenglas. Und so wird's gemacht: Abwechselnd eine dicke Schicht Kies, eine dünne Schicht Holzkohle, eine dicke Schicht Blumentopferde übereinander schichten: Dann kann gepflanzt werden. In der Abbildung wurde nur eine Pflanze gepflanzt, bei größeren Gläsern können mehrere verwendet werden. Am besten eignen sich kleine Pflanzen, z. B. Bubiköpfe, kleinwüchsiger Efeu, Grünlilie etc. Jede Pflanze bekommt einen Esslöffel Wasser. Dann wird das Mini-Gewächshaus mit einer Haushaltsfolie dicht verschlossen.

Gießen ist nicht nötig, da es im Glas von selbst regnet: Die Feuchtigkeit, die von den Pflanzen abgegeben wird, schlägt sich als Wassertropfen an der Glaswand nieder und fließt zum Boden zurück. Somit ist das Mini-Gewächshaus auch gleichzeitig ein vereinfachtes Modell des Wasserkreislaufes. Sind keine Tropfen an der Glaswand, müssen ein paar Löffel Wasser nachgegossen werden. Sieht man vor lauter Tropfen das Innere des Glases nicht mehr, muss die Folie für ein paar Stunden geöffnet werden – so kann das überschüssige Wasser entweichen.

SONNENENERGIE: SONNENFALLE[1]

Abbildung: Sonnenfalle und Schnittmuster[1]

Material: Pappe, Alufolie, Klebstoff

Der selbst gebastelte Papiertrichter wird innen mit Alufolie ausgeklebt. Alternativ kann auch der Reflektor eines Fahrradscheinwerfers verwendet werden (Vorsicht, dessen Strahlen können hierbei sehr heiß werden). Ein Scheinwerfer strahlt die Lichtstrahlen der Glühbirne genau parallel zueinander ab. Bei der Sonnenfalle werden umgekehrt einfallende Sonnenstrahlen so zurückgeworfen, dass sie sich genau im Brennpunkt treffen, an dem sonst die Glühbirne sitzt. In Folge wird der Finger warm.

WARME + KALTE FARBEN[3]

Material: zwei Gläser, weißer und dunkler Stoff, Thermometer

Die Gläser werden mit Wasser gefüllt und anschließend mit Stoff umwickelt, eines mit dem weißen, das andere mit dem dunklen Stoff. Nun werden beide Gläser in die Sonne gestellt. Sonnenstrahlen bestehen nicht nur aus Licht, sondern auch aus Wärme. Dunkler Stoff (oder dunkle Farben) schluckt alle Sonnenstrahlen. Daher heizt er sich und das Wasser darunter schneller auf als weißer Stoff (oder helle Farben). Hinweis: Zuerst die Temperatur des Wassers im Glas mit dem weißen Stoff messen.

WINDENERGIE: WINDRAD[4]

Material: Papier, Farbe, Schere, Perlen, Draht, Stock

Die Kinder malen ein quadratisches Blatt bunt an. Dann wird es zweimal diagonal gefaltet und wieder geöffnet. Entlang der vier Bugfalten wird das Papier etwa bis zur Hälfte eingeschnitten. Das Blatt besteht jetzt aus vier Dreiecken, die in der Mitte miteinander verbunden sind.

Eine Perle wird nun auf den Draht aufgefädelt. Dann wird jeweils die gleiche Ecke jedes Dreiecks in der Mitte mit dem Finger fixiert und der Draht durch die fixierten Ecken gefädelt. Auf der anderen Seite wird eine weitere Perle aufgefädelt und das Windrad auf einem Stock befestigt. Nun kann sich das Windrad zwischen den Perlen drehen.

1 Niewiadomski-Schäfer, 2000: Energiesparen für und mit Kindern
2 Greenpeace e.V., verändert
3 Berger, 2004: Die Licht-Werkstatt
4 Bezdek, 2000: Kinder in ihrem Element

DIE KLEINE RENNMAUS UND IHR ZAUBERHAUS

Abenteuer-Energie – mit 6 Kinderliedern zum Mitsingen

„Kinder lernen mit Musik"

Abenteuer-Geschichte: Karen Kassulat,
in Zusammenarbeit mit der VRD Stiftung für Erneuerbare Energien.

Lieder: Karen Kassulat
Sprecherin: Viktoria Brams
Rennmaus: Leni Diehr
Freundin: Charlotte Ditzen

Gesang: Karen Kassulat, Viktoria Häberle, Charlotte Ditzen, Julius Ditzen,
Leni Diehr, Nika Diehr.

Überarbeitung 2017: Gabriele Hoffmann, www.leseleben.de
Illustrationen: Lotte Fuchs, www.lotte-fuchs.com
Layout & Grafik: Thomas Heim, www.infarbe.com

Wir danken der Kreisverwaltung Mainz-Bingen, Umwelt- & Energieberatungszentrum (UEBZ),
für die Nutzungsrechte an den hier verwendeten Experimenten.

GEMA, LC: 16134
ISBN: 978-3-9816231-0-9

Spielzeit: 28 Minuten
Empfohlen für Kinder von 3-8 Jahren
Printed in the EU

Musikproduktion: Karen Kassulat
www.karenmusik.de

VRD Stiftung für Erneuerbare Energien
Heinrich-Fuchs-Str. 94, 69126 Heidelberg
www.vrd-stiftung.org

CO_2 neutral
verified
2017-822-839940
natureOffice.com

FSC
www.fsc.org
MIX
Papier aus verantwortungsvollen Quellen
FSC® C106855